BEI GRIN MACHT SICH IHR WISSEN BEZAHLT

- Wir veröffentlichen Ihre Hausarbeit,
  Bachelor- und Masterarbeit

- Ihr eigenes eBook und Buch -
  weltweit in allen wichtigen Shops

- Verdienen Sie an jedem Verkauf

Jetzt bei www.GRIN.com hochladen und kostenlos publizieren

Bibliografische Information der Deutschen Nationalbibliothek:

Die Deutsche Bibliothek verzeichnet diese Publikation in der Deutschen National-
bibliografie; detaillierte bibliografische Daten sind im Internet über http://dnb.d-
nb.de/ abrufbar.

Impressum:

Copyright © 1999 GRIN Verlag
Druck und Bindung: Books on Demand GmbH, Norderstedt Germany
ISBN: 9783656238331

Dieses Buch bei GRIN:

https://www.grin.com/document/97767

Sebastian Loitsch

Herstellung von Likör

GRIN Verlag

GRIN - Your knowledge has value

Der GRIN Verlag publiziert seit 1998 wissenschaftliche Arbeiten von Studenten, Hochschullehrern und anderen Akademikern als eBook und gedrucktes Buch. Die Verlagswebsite www.grin.com ist die ideale Plattform zur Veröffentlichung von Hausarbeiten, Abschlussarbeiten, wissenschaftlichen Aufsätzen, Dissertationen und Fachbüchern.

Besuchen Sie uns im Internet:

http://www.grin.com/

http://www.facebook.com/grincom

http://www.twitter.com/grin_com

"Herstellung von Likör"

Skript zum Thema

vorgelegt von
Sebastian Loitsch

Universität: TU-Berlin
Fachgebiet: Lebensmittelwissenschaft: Getränketechnologie

Gliederung:

1. Definition und Bezeichnungen

Spirituosen sind zum Verzehr bestimmte Getränke, in denen aus vergorenen zuckerhaltigen Stoffen durch Brennverfahren gewonnener Alkohol enthalten ist.

Liköre sind Spirituosen mit Zuckerzusatz und aromatischen Stoffen, Pflanzen- und Fruchtauszügen, ätherischen Ölen bei einem Extraktgehalt von mind. 22g/100ml (bei 22g/100ml mind. 30%vol. Alk.).

Triple Sec: Bezeichnung nur bei Zitruslikören mind. 35% Alkohol
Edel/Doppel: mind. 38% Alkohol

2. Ausgangsstoffe

2.1. Sprit

- Ist die Grundlage der Likörbereitung; Geruch
- Geschmack sollte neutral sein; keine Nebenbestandteile enthalten; Methylalkohol max. 0,2 Vol.%
- kann aus Kartoffeln gewonnen werden:
waschen - dämpfen - mit Grünmalz bei 50 Grad verzuckert - abkühlen bis 30 Grad - Hefe zugeben (Gärdauer 72 h) - Abbrennen im Blasenapparat - Teilung in Spiritus und Schlempe (Rückstand = Eiweiß)
- kann aus Melasse gewonnen werden (Reste der Zuckerfabrikation; enthält 50% Zucker); Melasse wird unmittelbar vergoren
- Reinigung von Nebenbestandteilen: leichtflüchtige Verbindungen (Acetaldehyd) sammeln sich im Vorlauf, schwerere im Nachlauf (Fuselöl siedet bei 132 Grad). Für die Likörbereitung wird der Mittellauf verwendet. Der aufsteigende Alkohol gelangt in den Kondensator; der kondensierte Anteil gelangt wieder zurück in die Kolonne; der nichtkondensierte Anteil wird im Kühler verdichtet (Explosionsgefahr bei Dampf-Luftgemisch)
- Abtrennung von Methylalkohol durch azeotropische Destillation mit Benzol
- Filtration über Kohle

2.2. Wasser

Trinkwasser ist die allgemeine Bezeichnung für Wasser, das hygienisch einwandfrei und für den direkten Genuß geeignet ist. In Deutschland unterliegen die Trinkwässer der

Lebensmittel- und Genußmittelherstellern den Betriebe dem Bundesseuchengesetz und der VO über Trinkwasser (1986).

Anforderungen an das Trinkwasser nach Trinkwasser VO:

Frei von Krankheitserregern (Typhus, Salmonellose, Cholera)
nicht gesundheitsschädlich; frei von Escherichia coli, fäkalen Streptokokken, coliforme Keime in 100 ml
keimarm - Grenzwert 1000 Keime/ml bei 20 Grad; 100 Keime/ml 36 Grad
appetitlich, genußanregend, also farblos, klar und kühl, geruchlos, guter Geschmack
es soll keine Korrosion (durch Kohlensäure) hervorrufen
zur Desinfektion sind direkte Bestrahlung von UV, Zusatz von Chlor-, Natrium-, Calzium-, Magnesiumhypochlorid, Chlorkalk, Ozon, Silber erlaubt
Trinkwasser, das mit Chlor, Na-, Mg, Ca-hypochlorit oder Chlorkalk desinfiziert wurde, muß nach Abschluß der Aufbereitung ein Restgehalt von mindestens 0,1 mg/l freiem Chlor nachweisbar sein. Nach der Enthärtung muß Wasser mind. 60 mg Calzium/l; und pH 4,3 nicht unterschreiten
zur Oxydation H2O2, Natriumsulfid erlaubt

Grenzwerte der chemischen Stoffe bei Trinkwasser:

Stoff Menge in mg/l
Quecksilber: 0,001
Cadmium: 0,005
Arsen, Silber: 0,01
Blei: 0,04
Chrom; Cyanid, Nickel, Mangan: 0,05
Nitrit: 0,1
Aluminium, Eisen: 0,2
Ammonium: 0,5
Fluoride: 1,5
Kalium: 12
Magnesium: 50
Natrium: 150

Verwendung von sehr weichem Wasser durch Enthärtung: durch Erhitzung + Kalk-Soda-Verfahren; Vollenthärtung; Enteisenung. Wasser und Sprit werden gemischt und 24 h stehengelassen. Bei Ausscheidungen muß das Wasser enthärtet werden. Die Verwendung von destilliertem Wasser wäre jedoch ein zu großer Aufwand.

2.3. Zucker

Verwendung des Zuckers zur Süßung & Eindickung:

a) Rohrzucker aus Zuckerrüben oder Zuckerrohr = Saccharose (Gemisch aus Traubenzucker + Fruchtzucker)

b) Stärkesirup = Traubenzucker + Malzzucker (ist dicker und nicht so süß); dient als Verdickungsmittel (Herstellung durch Hydrolyse)

c) Milchzucker (schwach süßend) zum abrunden; nimmt die Schärfe

d) Zuckerkulör ist eine schwarzbraune Masse (Karamelisierungsprodukt) - zum Färben; die Teilchen sind Kolloide, die beim Neutralisieren ausflocken.

Zucker ist Hauptbestandteil des Extraktes (ca. 30% Extraktgehalt). Eine 60 gewichtsprozentige Zuckerlösung besteht aus 60 Kg Zucker + 40 g Wasser. Je weniger Wasser verwendet wird, desto besser haltbar ist die Lösung. Zucker ist in Alkohol unlöslich.

Herstellung von Zucker auf heißem Wege: im Kochkessel; Schaum (Unreinheiten) wird abgeschöpft; Lösung wird durch feinmaschige Siebe in Vorratstank geleitet. Durch direkte lange (bei höherer Temperatur) Befeuerung; Bereitung eines hellbraunen aromatischen Karamelsirups; bei Himbeersäften wird durch Hitze vertieft.
Herstellung auf kaltem Wege: Manche Fruchtsäfte (Orange, Zitrone) werden durch Hitze negativ beeinflusst. Zucker wird in einem Sack in den Löseapparat eingehängt - Unreinheiten bleiben im so Beutel.

2.4. Aromen

2.4.1. Aroma aus Fruchtsäften

- Herstellung von Fruchtsaftlikören; das typische Aroma muß hier vorhanden sein (nicht flüchtige Fruchtsäuren, wie Zitronen- Apfel- Weinsäure)
- Bei Weinsäure sind Ausscheidung möglich
- Aus Trestern können mit Hilfe von Sprit Aromarückstände gewonnen werden

- Von Pflaumen und Aprikosen werden die Steine zertrümmert (Gewinnung von Bitteraromen)

- Gewinnung von Ananassaft (hitzeempfindlich) durch Kaltpressung

- Zitrussäfte: Schalen mit 80-96% Sprit übergießen und kurz mazerieren + langsam hochprozentig abdestillieren; geschälte Früchte halbieren + entsaften und auf 15% spriten. Ergebnis: Klärung (Ausflockung kolloidaler Trübungen).

Alkoholgewinnung durch Umwandlung des natürlichen Zuckers oder durch Spitzung mit Alkohol (15 Vol.-%) des unvergorenen Saftes. Voraussetzung: pektinarmer Saft (sonst gallertartige Ausscheidungen möglich).

2.4.2. Aromen aus Kräutern, Gewürzen & Wurzeln (Drogen)

Bestandteile: ätherische Öle, Bitterstoffe, Gerbstoffe, Extraktstoffe (Mineralien Harze, Zucker)

Sind in Wasser oder Sprit löslich. Mit Alkohol-Wasserdampf destillierbar sind Öle (flüchtig). Nur als Auszug zu gewinnen sind Bitterstoffe, Harze, Mineralien (nicht flüchtig). Vor allem ätherische Öle werden mit Hilfe von Alkohol extrahiert (auf kaltem- Mazerieren oder warmen Wege - Digestieren) oder gepreßt. Es werden nicht frische, sondern getrocknete Pflanzenteile (Trocknung bei bis zu 37 Grad) verwendet. Eine Abnahme des Aromas kann durch Lagern (trocken, luftdicht, lichtdicht) erfolgen.

Aromen können lieblich (Vanille, Orange), süß (Fenchel), bitter (Kamille) und erfrischend (Pfefferminz) wirken.

Verwendung von Baldrianwurzel: Feinbitter, Boonekamp; von Enzianwurzel: Halb & Halb; von Basilikum: Kräuterlikör

3. Likörherstellung

3.1. Allgemeine Herstellung

a) Zerkleinern der Drogen (quetschen, raspeln) zur Vorbereitung für die Trennung der flüchtigen + nichtflüchtigen Aromastoffe von wertlosen unlöslichen Rückständen in einer Hammermühle. Blüten & Kräuter bleiben unzerkleinert.

b) Mazeration = Kaltextraktion

- Diffusionsvorgang = Austausch des im Innern der Zellen befindlichen mit

Extraktstoffen beladene Sprit gegen die neu eindringende ungesättigte Flüssigkeit.

- Das Sprit-Wasser-Gemisch wird im Mazerationsgefäß (Deckel = Vermeidung von Verdunstungsverlusten) mit Aromastoffen angereichert. Frische Kräuter mit 86-96% (Abtötung des lebenden Plasmas); trockene Materialien mit 40-60%igem Sprit.

- In höherprozentigem Sprit lösen sich Öle, Fette, Harze. In niederprozentigem Sprit eher (wasserlösliche) Gerbstoffe, Bitterstoffe. Die nun schwerere Flüssigkeit sinkt durch Sieböffnung zu Boden.

- Große Mengen wasserlöslicher Stoffe, durch längerer Mazeration, sind für die Qualität des Likörs ungünstig (bitter). Die Lösung dauert von Stunden bis Wochen. Es kann noch ein 2. oder 3. Auszug erfolgen.

- In den ausgezogenen Pflanzenteilen bleibt Flüssigkeit (Sprit) & Reste an Aromen zurück. Mit Hilfe des „Wasseraufgussverfahrens" aber auch durch Tinkturpressen werden diese zurückgewonnen (schwach alkoholische Nachmazerate enthalten andere Inhalte).

- Zitronenmelisse: Mazerat ist wenig beständig;

- Orangenblüten: Mazerat dunkelbraun, bitter

b1) Digestion = Heißextraktion

- Physikalischer Vorgang der Osmose bei höherer Temperatur schneller (zeitsparend).

- Wärmezufuhr erfolgt indirekt (50-60 Grad); Sicherheitsventil im Deckel; Nachbehandlung wie oben

- Heißbehandlung kann zu Veränderungen im Aroma führen (manchmal erwünscht).

b3) Perkolation = Verdrängungsverfahren

- Beruht auf der Verdrängung des mit Aromastoffen gesättigten Auszugs mit immer neuem Sprit

- Drogen werden im langsamen Durchfluß in einem zylindrisch, nach unten auslaufenden Kegel mit Ablaufhahn, mazeriert (1-3 Tage).

- Eine umgestülpte & eingehängte Flasche enthält Ansatzflüssigkeit. Daraus fließt nur soviel Flüssigkeit, damit der Flüssigkeitsspiegel die ursprüngliche Höhe wieder erreicht hat, die durch das Ablaufen des Perkolats (extraktreicher Sprit) gesenkt wurde. Das ablaufende Perkolat wird immer heller

- Mit Wasser erfolgt Nachperkolation.

<u>c) Destillation</u>

- ist die Trennung flüchtiger Aromastoffe von nichtflüchtigen Bestandteilen mit gleichzeitiger Entgeistung unter Wiedergewinnung des Alkohols (unbrauchbare Stoffe sind Harze, Terpene)

- Ausgangspunkt sind Mazerate/Perkolate/Digerate oder die in Sieben gelagerten Drogen in flacher Schicht in Alkohol im oberen Raum der Blase.

- Je höher der Alkoholgehalt, desto niedriger der Siedepunkt (Alkohol-Wasser-Gemisch 43% siedet bei 85 Grad).

- Apparat besteht aus einer Kupferblase (zu 2/3 gefüllt) mit Ablasshahn und verbundenem Kühler (mit Leitungswasser durchflossene Röhren- oder Schlangenkühler) mit Geistrohr und Auffangbehälter (Trennung von Vor- Mittel- und Nachlauf) mit Möglichkeit zur Rückdestillation zur Blase (Destillat kann nach Verlassen wieder in die Blase geführt werden).

- Das abgekühlte Destillat verlässt den Kühler durch die Vorlage zum Ablasshahn an der tiefste Stelle.

- Alkoholmeter (Spindel) misst scheinbaren Alkoholgehalt (mit Temperaturanzeige kann wahrer Wert berechnet werden) .

- Eine "Florentiner Flasche" wird bei der Destillation zwischengeschaltet (Abscheidung von ätherischen Ölen an der Oberfläche).

- Die Destillation ist beendet, wenn der gesamte Alkohol aus der Blase ins Destillat gegangen ist (Verlust bis 3%).

- Bitterstoffe + Farbstoffe bleiben im Rückstand

- Keine direkte Beheizung (Explosion) möglich

- Nieder- und Hochdruckkessel erforderlich

- Beste Destillate in Fraktion 80-60% Vol. Im Vorlauf sind oft Nebenbestandteile (bleiben in der Blase zurück). Fraktionen werden später wieder vermischt.

- Bei Zitronenmelisse: mittlere Fraktion = typischer Zitronengeschmack

- Bei Minze: zuerst Pfefferminz- später Mentholgeschmack (Mittelfraktion)

- Bei Kamillenblüten: Aroma tritt bei 70-80% Vol. Aus. Der Nachlauf ist krautig.

- Reinigung: Durch den Zusatz von Wasser zum Destillat (Alkoholstärke wird geringer - Ausscheiden der Stoffe, die nur in höherprozentigen Sprit löslich waren und im Likör zu Trübungen geführt hätten). Terpene und ätherisches Kümmelöl werden durch Filter entfernt. Nochmaliges abdestillieren des überschüssigen Wassers.

- Filtern: Vor allem Nachläufe müssen mit Aktivkohle versetzt (Terpene) und abgefiltert werden.

c1) Vakuumdestillation:

- zur Erhaltung der natürlichen Aromen hitzeempfindlicher Kräuter (Citrusfrüchte); statt 85 nur 40 Grad für das Sieden von 43% Vol. Sprit-Wasser-Gemisch notwendig) - Zeitersparnis
- Bei Edelbranntweinen ist man jedoch an Um- und Neubildung von Aromen interessiert.
- Befüllung der Blase nach Evakuierung

d) Mischen:

I.) zuerst Sprit (gelöste ätherische Öle): Kornbranntwein, Kräuterdestillate + Mazerate; Zuckergehalt ist bei höheren Alkoholgehalt etwas höher

II.) dann Wasser + Weine + Zucker + Fruchtsirup

III.) Fruchtsäfte Homogenisieren durch Propellerrührwerk; Qualität hängt von der Beschaffenheit der Drogen + Branntweine ab.

e) Schönung

I.) Ca- und Mg-Salze (Löslichkeit in Alkohol herabgesetzt. Das führt zu Ausscheidungen)

II.) Fe-Verbindungen durch Fruchtsäfte = grauschwarze Trübungen (Fe + Gerbstoffe)

Hilfe: Entfernung mit Ferrocyankaliumlösung (giftig) oder Aferrin (unschädlich)

III.) Dextrintrübungen durch Stärkesirup

IV.) Pektintrübungen in Fruchtlikören (Pektin in Wasser löslich (kolloidal) aber nicht in Alkohol)

Hilfe: biochemischer Abbau von Pektin durch Enzyme

V.) Eiweiß (Nachtrübungen) bildet im Wasser kolloidale Lösungen

Hilfe: Bentonit

VI.) Terpene

Spirituosen sollten glanzklar sein. Auftretende Trübungen sind Fehler (Reste von Drogen). Veränderungen der Alkohol-Wasser-Mischung durch Übersättigung einzelner Inhaltsstoffe (Ausscheidung).

Schönungsmethoden

I.) Ausnutzung der Gerinnungsfähigkeit der zugesetzten Kolloide. Die in Schwebe befindlichen Teilchen werden eingeschlossen (Milch, Eiweiß, Gelatine). Magermilch: Kasein gerinnt; Gelatine gerinnt durch Alkohol + Säure; Vorquellen mit kaltem Wasser notwendig. Behandlung bei Gerbstoffen

II.) Reißen trübe Bestandteile zu Boden (gebranntes Magnesia, Bentonit, spanische Erde); Klärung süßer Liköre von höherer Dichte

III.) Beseitigung von Geschmacks- und Geruchsstoffe durch Aktivkohle

IV.) Hausenblase: Schwimmblase von Stören im kaltem Wasser kolloidal gelöst + Alkohol + Säure = Ausflockung

f) Filtern

- Asbestfilter halten Schwebeteilchen zurück; Verstopfung der Poren: Reinigung notwendig)
- Druckzylinderfilter steigern der Leistung
- Schichtenfilter bestehen aus mehreren senkrecht angeordneten Filterplatten

g) Füllen & Lagern

- Füllen mit einen Vakuumfüller: Die Flasche wird mit Pumpe unter Vakuum gesetzt
- längere Lagerung = Neubildung von Bukettstoffen
(Veresterungsvorgänge: Alkohol + Säure = Ester + Wasser)
- Lagerung in Holzfässern (Reifungseffekte, Lagerschwund durch Verdunstung Bittere) und in Steinzeug- und Metallgefäßen (säurefester Stahl)

3.2. Herstellung von Kaffeelikör

a) Ausgangsstoffe:

Für 2 Liter Kaffeelikör werden verwendet: 359ml Sprit (96%)

175ml entmineralisiertes Wasser

0,175g Kochsalz

474ml Zuckerlösung (1:1)

35ml Arrak (58%)

35ml Weindestillat (65%)

17,5ml Vanilletinktur 1:1

1,5g Zimtdestillat (stark konzentriert)

Während der Zugabe der einzelnen Würzdrogen erfolgt zur Kontrolle des Geschmacks eine Verkostung. Die Zutaten werden daher weitgehend nach Gefühl und Geschmack zugegeben. Der Kaffeelikör ist fertig.

b) Durchführung:

Für die Herstellung eines Kaffeelikörs wird ein Kaffee-Perkolat angesetzt. Hierfür werden Kaffeebohnen aus mittlerer Röstung mit einer Kaffeemühle (elektrisch) frisch gemahlen. Diese Tätigkeit wird am selben Tag der Herstellung ausgeführt, um das Aroma des Kaffees nicht durch unnötige Lagerung zu verlieren. Dabei werden 3 bis 6 Kg Kaffee und etwa die 4 bis 5fache Menge Ethanol (ca. 30-40 %vol.) für 100 Liter Fertiggetränk verwendet. Die Mazerate werden normalerweise mit Alkoholstärken zwischen 25 und 60% angesetzt, je nachdem ob mehr ethanol- oder wasserlösliche Inhaltsstoffe ausgezogen werden sollen. Aus Geruchs- und Geschmacksgründen liegt der günstigste Alkoholgehalt für alle Kaffeeliköre jedoch bei 32%vol. Die Menge der Ausgangsstoffe soll 2 Liter fertigem Kaffeelikör entsprechen.

Nach dem einwöchigen Quellvorgang werden die Feststoffe durch Filtration abgetrennt. Es entstehen 350ml Perkolat von dunkelbrauner Farbe. Für die Herstellung des Nachperkolats werden 210ml Wasser verwendet. Das Nachperkolat entsteht, indem man durch den abgetrennten Kaffeefiltersatz noch einmal (die vorgegebene Menge) Wasser durchlaufen läßt. Das Nachperkolat besitzt eine etwas hellere Farbe, als das Perkolat.
Jetzt werden Nachperkolat und Perkolat vermischt. Nach der Rezepturvorschrift werden nun die einzelnen Gewürzdrogen für die Verfeinerung des Aromas hinzugegeben. Darüber hinaus werden noch Sprit, Salz und eine Zuckerlösung für die Herstellung des Kaffeelikörs verwendet.

c) Rechnung:

5Kg Kaffee = 100 Liter

$$X = \underline{1 * 5Kg}$$

$$X = 1 \text{ Liter } 100$$

$$X = 50g/l$$

$$50g * 2 = 100g$$

Für 2 Liter Fertiggetränk benötigen wir 100 Gramm frisch gemahlenen Kaffee. Dieser wird für die Herstellung des Kaffeelikörs abgewogen.

Jetzt wird aus einem 77 %vol. Alkohol ein 30 %vol. Alkohol hergestellt. Für die Herstellung eines 30 %vol. Alkohols ist eine bestimmte Menge Wasser erforderlich. Zu errechnen ist die Menge Wasser, die zu 77%igem Ethanol hinzugegeben werden muß, damit 33%iger Ethanol entsteht. Mit Hilfe der Alkoholtabelle werden die entsprechenden Massenprozente (%mas.) ermittelt:

30 %vol. = 24,61 %mas.

77 %vol. = 70,09 %mas.

Rechnung:

70l = 1000g 70l = 490 X= $\underline{490 * 1000}$ X= 699 gerundet X=$\underline{700g}$

490 = X 1000= X 70l

 2 Liter 30%ige Ethanollösung ergeben: 700g der 77%igen Ethanollösung + 1300g Wasser.

500g 30%ige Ethanollösung ergeben: 175g der 77%igen Ethanollösung + 325g Wasser.

Entsprechend der Rechnung werden nun 175g der 77%igen Ethanollösung, 325g Wasser und 100 g gemahlenen Kaffee in ein Gefäß gegeben. Da bei der Perkolation der Kaffeeschrot aufquillt, darf das Gefäß nicht bis zum oberen Rand gefüllt werden. Das Gefäß wird verschlossen und eine Woche stehen gelassen.

3.3. Herstellung von Teelikör

a) Ausgangsstoffe:

1 gehäufter El. schwarzer Tee

1 0,7 l Korn

2 Stangen Sternanis

2 Zimtstangen

1 unbehandelte Zitrone

250 g Zucker

Tee mit kochendem Wasser überbrühen und zugedeckt 5 Min. ziehen lassen. Wenn der Tee erkaltet ist, den Korn zugießen, Sternanis, Zimtstangen, Zitronenschale (spiralförmig von der Zitrone lösen) und Zucker zugeben. Den nun fertiggestellten Likör in Flaschen abfüllen und servieren.

3.4. Ananaslikör

a) Zutaten:

1 Ananas1000-1500g

Schalen einer unbehandelten Orange

700 ml Sprit (96% Alkohol aus Apotheke)

b) Durchführung:

Die Ananasfrucht hat ein sehr feines, aber nicht besonders ausgiebiges Aroma, das gegen Hitze, Gärung und Metall sehr empfindlich ist. Ananasscheiben aus Konserven sind meistens sterilisiert und damit fast ohne Aroma. Darum sollte für die Bereitung eines guten Likörs nur die frische Frucht verwendet werden. Die handelsüblichen Früchte haben ein Gewicht von 1000-1500g . Für 1 Liter Likör werden aber nur ca. 400g Fruchtfleisch zuzüglich Schalen, Benötigt. Infolgedessen reicht eine Ananas für 2 Liter Likör.

Sicherheitshalber die Rauhe Schale vom "Reisestaub" mit viel Wasser befreien und Blattschopf und Strunk entfernen. Die Frucht teilen, schälen und alles in kleine Stücke schneiden. Eine Ananas von 1250g ergibt ungefähr 880g Fruchtfleisch und 370g Schale. Beide Teile zusammen mit den Schalen einer Orange in ein verschließbares Gefäß füllen und mit 700ml Sprit 14 Tage ansetzen. Anschließend den ganzen Ansatz auf ein Kunststoffsieb geben und den Extrakt mit Hilfe eines Löffels durchstreichen. den restlichen Fruchtbrei in ein Seituch, ersatzweise ein sauberes Geschirrtuch, füllen und mit Hand auspressen.

2 Liter Ananaslikör ca. 30% vol.

1400 ml Ananas-Extrakt

40 ml Rum-Verschnitt

40 ml Weinbrand

500 ml Zuckerlösung

Wasser bis zur 1l Marke

Der Likör ist nach der Mischung sehr trübe. Nach 8 Tagen haben sich die Trubstoffe
weitgehend abgesetzt. Dann vorsichtig die über dem Trub stehende klare Flüssigkeit auf ein
Papierfilter gießen und ablaufen lassen. Anschließend den Bodensatz nachgießen.

3.5. Kirschlikör

a) Zutaten:

1 Liter Kirschlikör ca. 25% vol.

ca. 450 ml vergorener, gespriteter Kirschsaft

150 ml Rückständeextrakt

50 ml Kirschwasser

280 ml Zuckerlösung und

Wasser bis zur 1-Liter Marke

Ansatz bei Vergärung & Extraktion

500 g Sauerkirschen

300 ml Sprit (96% Alkohol)

Kirschkerne

b) Durchführung:

Für die Likörbereitung sind die dunklen Sauerkirschen, besonders Strauchweichseln, und die
Schattenmorellen geeignet. Das Aroma eines aus dunklen Sauerkirschen hergestellten Likörs
ist unvergleichlich besser als das aus Süßkirschsorten. Für einen Liter Likör benötigt man ca.
500g vollreife Früchte. Sie werden gewaschen, entstielt und entsteint (ist schon eine Sau
Arbeit). Ein viertel der Kerne aufbewahren. Die weitere Verarbeitung kann nach zwei
Methoden vorgenommen werden, durch Vergärung oder Extraktion (Ansetzen). Ich
bevorzuge das Ansetzen, es ist nicht so aufwendig wie das Vergären und nicht so eine
Panscherei.

Die Vergärung wird wie unter Punkt 4.4.4.5 beschrieben wird durchgeführt. Anschließend den ganzen Ansatz auf ein Seihtuch geben, die Flüssigkeit ablaufen lassen und die Rückstände von Hand nachpressen. Den vergorenen Saft mit 150 ml Sprit haltbar machen und kühl aufbewahren, bis der Rückständeextrakt (einschließlich der zerquetschten Kirschkerne ca. 25%) fertig ist. Dazu werden der nach dem Pressen verbliebene Rückstand und die zerquetschten Kerne mit 150 ml Sprit 14 Tage lang angesetzt. Danach den Ansatz auf ein Papierfilter geben, den Extrakt ablaufen lassen und schließlich so viel Wasser über die Rückstände gießen bis ca. 150ml Gesamtextrakt beisammen sind.

Für die Extraktion werden die zerkleinerten Früchte mit Sprit in einem verschließbaren Gefäß 14 Tage besser 3 Wochen lang angesetzt. Dabei sollten 20 bis 30% der Kerne vorher zerquetscht sein. Danach den ganzen Ansatz auf ein Seituch beben, die Flüssigkeit ablaufen lassen und schließlich mit der Hand nachpressen. Das Tuch mit den Rückständen auf einen Trichter legen und so viel Wasser darüber gießen bis 600ml Gesamtextrakt besammen sind.

3.6. Vanillelikör

a) Zutaten:

Vanilleextrakt:
4 Vanilleschoten (12-15g)
300g Zucker
300ml Wasser

1 Liter Vanillelikör ca. 30% vol.
ca. 400 ml Vanilleextrakt
190 ml Sprit (96% Alkohol)
330 ml Weinbrand

b) Durchführung
Diesen Likör mit seinem ausgeprägten, weich-balsamischen, ein wenig exotisch anmutenden Vanillearoma, muß man selber machen, weil er in Deutschland kaum hergestellt wird. Er eignet sich für den direkten Genuß, mehr jedoch als Geschmacksverfeinerung auf Vanilleeiscreme oder mit herbem Sekt. Auch zur Abrundung vieler Fruchtsaftliköre aus eigener Produktion ist er bestens brauchbar.

Zu seiner Bereitung werden Vanilleschoten benötigt. Vanillezucker kann die Aromafülle der Vanilleschoten nicht ersetzen. Die Schoten der Länge nach aufschneiden und das Mark (Samen) herauskratzen. in einem Topf die Vanille zusammen mit Wasser und Zucker aufkochen und ca. 15 Minuten bei geöffnetem Deckel am mäßigen kochen halten.danach die Schoten herausnehmen, die Flüssigkeit über ein feines Sieb oder Papierfilter (Kaffefilter) ablaufen lassen.

Nach einer Ruhezeit von 4 Wochen wird sich der Likör ohne Schwierigkeiten filtrieren lassen. Zur Dekoration kann man 1 bis 2 der aufgeschnittenen Schoten in die Flasche geben.

4. Likörsorten & gesetzliche Mindestbestimmungen

I.) Bitterliköre: (geringe Süße)
Magenbitter: 38%, aus unreifen Pomeranzenfrüchten + Schalen; Ingwer, Nelken, Zimt
Halb + Halb: Halb bitter Halb süß

II.) Kräuterliköre:
Benediktiner: 43%; lange Lagerzeit in Holzfässern; Rohrzucker durch Bienenhonig ersetzt

III.) Fruchtliköre: Alk. 25-35%; mind. 20l Fruchtsaft auf 100l; Feinsprit wird durch Fruchtbranntwein ersetzt; wegen Äpfelsäure und Zitronensäure erfolgt hoher Zuckerzusatz; Bei Fruchtaromaliköre: Fruchtanteil ist nicht erforderlich; Saft derjenigen Fruchtart, nach denen sie benannt wurden.
Orangenlikör: feine Säure; rötlicher Farbton = Zuckerkulör; Alkohol: 30-35%; Zitronensaft, Kirsch; keine längere Lagerung
Kirschlikör: kein Wasserzusatz, nur Kirschsaft, Rum, Nelken

IV.) Gewürzliköre:
Kümmellikör: Alk. 32-40%, wenig Zucker (25l Destillat aus 7 Kg Kümmel) einweichen dann in Destillierblase bringen (Mazeration) + Zitronenöl
Pfefferminzlikör: Alk.: 30%; Hausmittel bei Magenbeschwerden; Herstellung auf kaltem Wege.

V.) Kakaolikör: mind. 25% Alk.; Mazeration 8-14 Tage; Zusatz 25% Sprit; Destillation; Kirschwasser + Vanilleauszug; bis 30% aufstocken.

VI.) Kaffeelikör: mind. 25% Alk.; 100 l = 5 Kg frischgerösteter, grob vermahlener säurearmer Kaffee + Zimt + Kakao; Lösung innerhalb 14 Tage; Zuckergehalt bei 30-35%; Auszug 1:5 bis 1:10

VII.) Teelikör: mind. 25% Alk. + Zucker; 3-4 l wäßriger Aufguß je 100 l Likör (2-3 Kg Darjeeling- Hochland-Tee); verfeinert mit Zimt + Vanillearoma + Rosenblütenwasser; 7 Tage stehen lassen; helle Farbe.

VIII.) Emulsionsliköre (süßes Aroma, Wohlgeschmack); mind. 20% Alk.

Eierlikör: mind. 240g Eigelb je Liter (10-18 Eigelb), bei -10 bis -20 Grad einfrieren = haltbar); Häutchen stören und werden durch Gaze passiert. Im Mischapparat (1-2 h) + Zucker bei bis zu 60 Grad gemischt + Emulgatoren Alkohol fließt dazu (umgekehrt = Ausflockungen); mind. 14% Alk. (wegen Salmonellen mind. 18%) + Kirschwasser.

5. Chemisch-physikalische Analyse

Dreieckstest: 3 Proben zur Verkostung, 2 davon sind identisch; Kostgläser haben Tulpenform

Alkohol: *Über Dichte*: Bei Alkohol-Wasser-Mischungen werden je nach Alkoholgehalt die verschiedenen Dichten (Hilfe von Tabellen)gemessen. Die aräometrische Alkoholbestimmung funktioniert mittels Auftrieb eines Schwimmkörpers (Spindel). Bei niedriger Dichte, = tiefes Eindringen; entspricht einem hohen Alkoholgehalt.

Mit Refraktometer: Abhängigkeit der Lichtbrechung von der Konzentration der Alkohol-Wasser-Mischung: Glasprisma taucht in Flüssigkeit, Licht wird über Spiegel geleitet und schräg aufs Prisma geleitet - die Grenzlinie zwischen hell + dunkel = Meßpunkt

Extrakt: in Brix (Brixgrade entsprechen Gewichtsprozenten von wäßrigen Zuckerlösungen) Nebenbestandteile im Feinsprit: Abdampfrückstände